U0142591

性別與身體

身體

身體真奇妙

剛出生的時候，
我這麼小呀？

身體長大了，
現在我能做好多事情了。
我的身體會不斷、不斷地
變化下去嗎？

我的身體會怎麼變化下去呢？

身體轉大人，到底是什麼樣的事呢？

在長大的過程中，身體的變化不僅只有外表的改變，身體內部同時也正在發生變化喔！

有些人發生的較早，有些人則比較慢。每個人都不一樣喔！

從外表能看見的身體變化

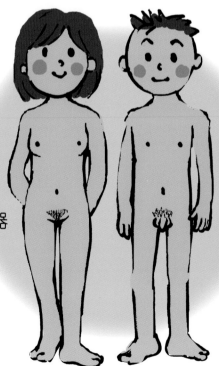

女性

・長腋毛

・乳房變大

・長陰毛（長於性器官周邊的毛）

男性

・變聲（聲音慢慢變得低沉）

・長鬍子

・長腋毛

・長陰毛（長於性器官周邊的毛）

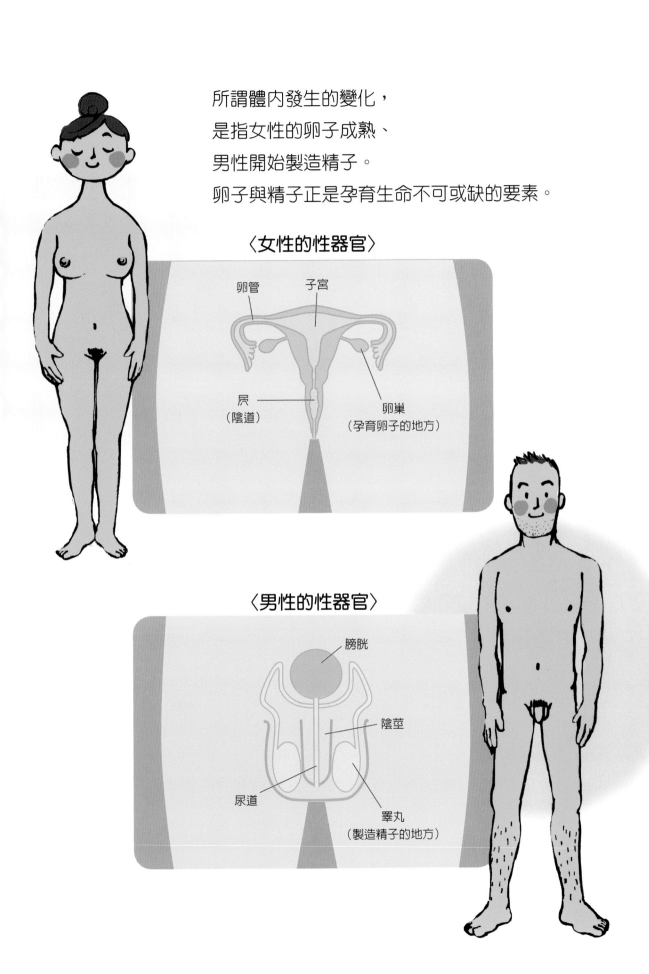

所謂體內發生的變化，
是指女性的卵子成熟、
男性開始製造精子。
卵子與精子正是孕育生命不可或缺的要素。

〈女性的性器官〉

卵管　　　子宮

屄　　　　　　卵巢
（陰道）　　（孕育卵子的地方）

〈男性的性器官〉

膀胱

陰莖

尿道

睪丸
（製造精子的地方）

為什麼男孩和女孩尿尿的方式不一樣呢？

女孩的尿道出口緊貼在身體上，
站著尿尿，尿液就會噴到身體上喔，
所以一定要坐著上廁所喔！

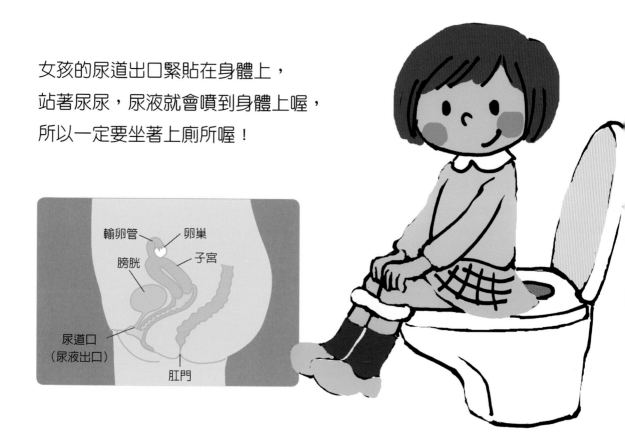

尿尿完，
要用衛生紙從前向後擦拭乾淨。
若是從後往前擦拭，
殘餘的便便就會跑進陰道
或是尿道中喔

女孩的尿道口在哪裡呢？

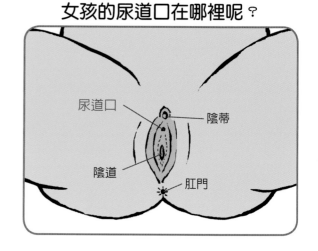

男孩子的尿道口，
在弟弟的前端喔！

弟弟的正式名稱叫做
陰莖喔！

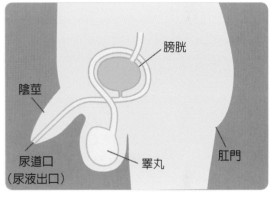

膀胱

陰莖

尿道口
（尿液出口）

睪丸

肛門

男孩的尿道口在哪裡呢？

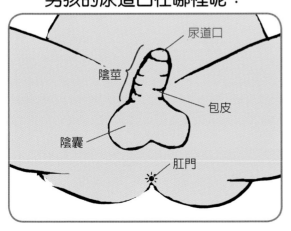

尿道口

陰莖

包皮

陰囊

肛門

陰莖的外面有包覆一層包皮喔！
男孩在尿尿的時候，
要先將包皮往身體的方向翻起，
並用手協助陰莖對準馬桶，
這樣尿液就不會亂噴囉！

正確的尿道
清潔方法

女孩子要蹲下後打開溫水，

溫柔地清洗尿道出口與肛門
的周圍。

陰莖頭的部分因為會沾到尿液，
所以需要清洗乾淨。

①將包皮朝自己身體的方向掀開。

②打開溫水，沖洗陰莖頭。

③將包皮翻回原本的位置。

也要記得溫柔地清洗肛門周圍。

自己清洗自己的身體是
非常重要的事喔！

什麼是月經？

> 這是什麼？

這個叫做衛生棉，
是女孩子月經來的時候
使用的東西。

雖然
每個人發生的時間並不一定，
但女孩子的初經通常會在
10歲到16歲之間來訪喔！
月經基本上1個月會來1次。

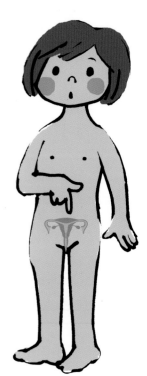

月經來臨時，會從陰道排出血液等物質，
衛生棉就是用來盛接這些物質的工具。
還有，月經也稱為生理期。

會流血嗎？

會流血喔！
不過，這種情況，
是身體自行將不必要的血液
排出體外的過程。

雖然不能非常確定
什麼時候會開始，但是如果
內褲有沾到與平日顏色有點
不一樣的物質時，就是月經
來了的徵兆喔！

生理褲

小包包　　　　　　　　　衛生棉

另外也有一種是放到陰道內，
在陰道內吸收血液的衛生棉
條。只要使用棉條，就能到泳
池游泳囉！

月經會持續幾天呢？

我們來看看月經發生的過程吧

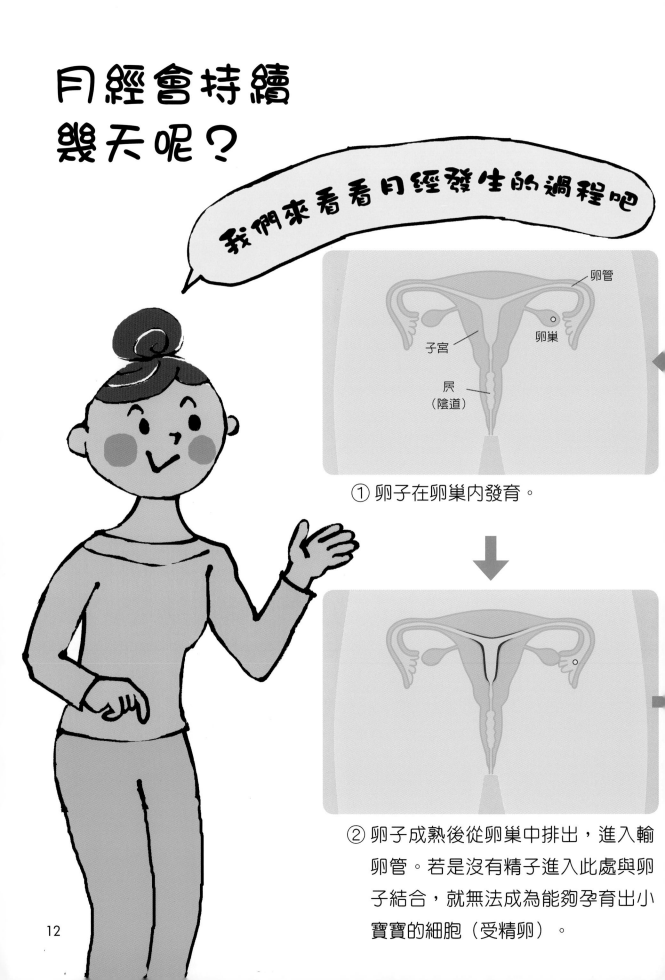

① 卵子在卵巢內發育。

② 卵子成熟後從卵巢中排出，進入輸卵管。若是沒有精子進入此處與卵子結合，就無法成為能夠孕育出小寶寶的細胞（受精卵）。

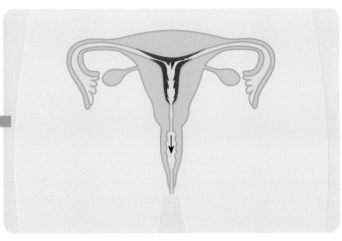

④ 子宮內膜剝離，經由陰道排出體外。

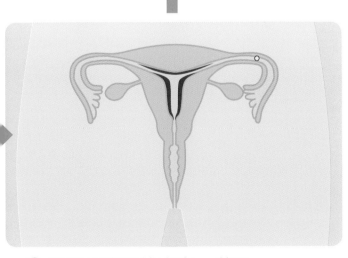

③ 子宮內膜開始充血、增厚。
　未受精的卵子死亡。

月經經期大概會持續
3天至7天左右，
大概是以1個月
為1個週期。

身體的構造
好奇妙喔！

為什麼陰莖會變硬呢？

只要觸碰這裡，就會變硬變大喔！

陰莖的內部是由像海綿一樣的物質構成的喔！

〈勃起後的陰莖〉

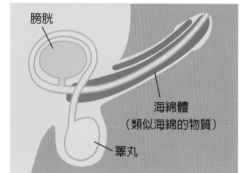

膀胱

海綿體
（類似海綿的物質）

睪丸

當陰莖受到觸碰、感覺舒服時，
血液就會集中，因此陰莖就會變硬，
這種現象叫做勃起。

有時候沒有觸碰，
也與心情無關，
陰莖也會自動變硬喔！

〈每個男性的陰莖形狀都不一樣喔〉

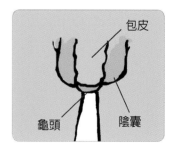

包皮
龜頭
陰囊

即使平常看不見陰莖頭，但只要
將包皮往自己身體的方向掀開時，
陰莖頭能夠自然露出即可。

什麼是射精？

男孩子大概到了11歲至13歲時，
就會產生勃起現象。此時，含有
精子的精液就會從陰莖頭排出，
這種現象就叫做射精。
而精液是白色濃稠狀物。

這是每個男性身體
都會發生的現象，
所以不用擔心喔！

不會和尿尿混在一起嗎？

因為在射精的時候，儲存尿液的出口會關起來，
所以精液和尿液並不會混在一起。

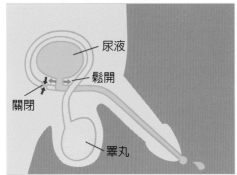

〈小便的時候〉

尿液
鬆開
關閉
睪丸

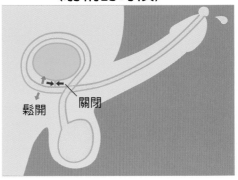

〈射精的時候〉

鬆開
關閉

什麼時候

會射精呢?

自己觸碰陰莖,
讓自己感到舒服的行為叫做自慰。
這時候也有可能會射精。

自慰也被稱為自我取悅或手淫。

自慰並不是對身體有害的事,
也不是不能做的事。

但是,
在沒有他人的環境下進行,
是基本禮貌喔!

晚上睡覺時發生射精的情形,叫
做夢遺。

將沾到精液的內褲
清洗乾淨後再放入洗衣籃中
是基本禮貌。

○○在哪裡？

頭　胸　肚臍　肚子　手臂　手肘　性器官

膝蓋　小腿　腳背　腋下　大腿　腳掌　腳趾

這些部位在哪裡？

啊！原來如此！

性別與身體

身體

生命

小寶寶是如何製造出來的呢？

當精子遇到卵子時，就會結合成能夠孕育出小寶寶的細胞（受精卵）。

卵子和精子要怎麼遇到呢？

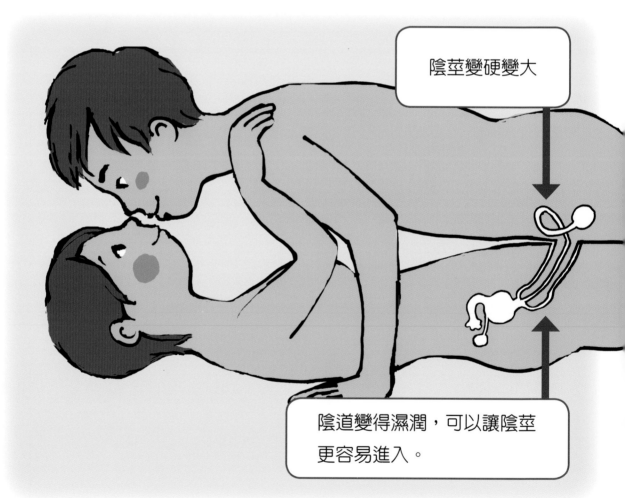

陰莖變硬變大

陰道變得濕潤，可以讓陰莖更容易進入。

將陰莖放入陰道後射精。

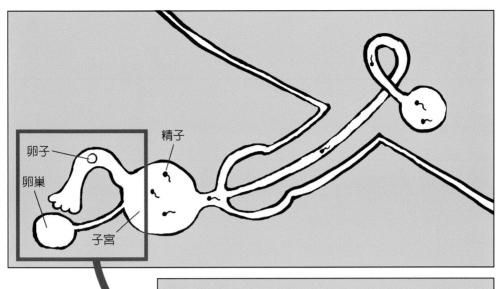

卵子
卵巢
精子
子宮

射精後，有許多精子會
沿著細細的管道，
朝著卵子前進。

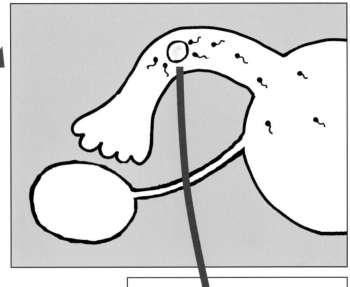

當中只要一顆精子進入卵子，
就能結合成受精卵，
這個過程就叫做受精。

受精卵非常小，大概只有針頭的大小。
這就是生命最初的型態。

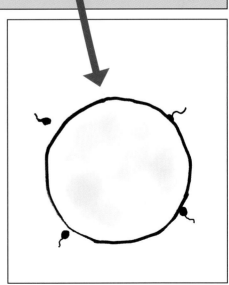

真正的尺寸大概只有0.2mm

小寶寶是怎麼長大的呢？

小寶寶會通過臍帶
攝取營養長大。

小寶寶的排泄物也會
通過臍帶還給媽媽。

子宮裡的水（羊水）
可以保護小寶寶。

肚子中小寶寶的樣子

【受精後7週】

約2.5cm
約4g

慢慢地形成心臟、
腦、神經等組織。

【受精後12週】

約12cm
約120g

慢慢地形成胎盤、
手與腳等組織。

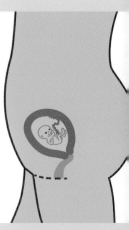

當小寶寶長大後，子宮裡的水
就會開始混入一些紅色。

小寶寶會喝子宮裡的水，
並在身體中淨化。
淨化過的水就會形成尿液。

小寶寶也會便便嗎？

小寶寶不會排便喔！
糞便會堆積在小寶寶的體內
一直到出生。

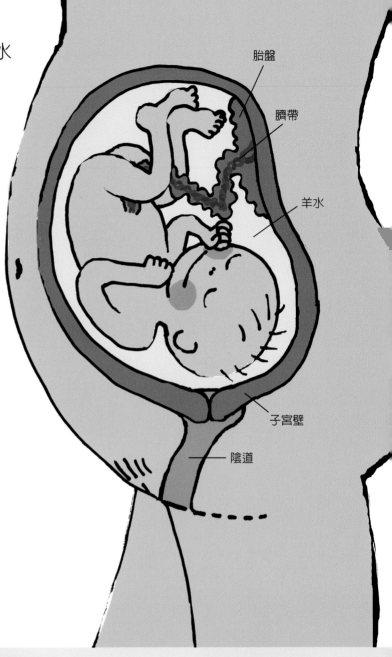

胎盤

臍帶

羊水

子宮壁

陰道

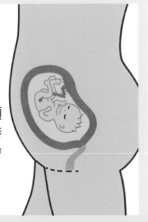

【受精後20週】

約30cm
約600g

慢慢長出頭髮，骨頭
也會慢慢變硬。這時
候小寶寶的內臟也會
開始運作。

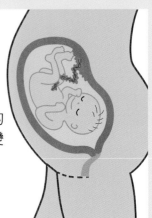

【受精後38週】

約50cm
約3000g

小寶寶變大，子宮的
空間對小寶寶來說變
得太狹窄了。

小寶寶是從哪裡出生的？
又是如何出生的呢？

在子宮中長大的小寶寶大概過了9個月後就會出生。

這時候，小寶寶會給媽媽準備出生的信號。
接著子宮就會開始收縮將寶寶推出。
小寶寶也會一邊轉變身體的方向，通過陰道出生。

當小寶寶無法順利從陰道出生時，
醫生就會施打麻醉，讓媽媽不會感到疼痛，
再將媽媽的肚子切開，幫助小寶寶出生喔！

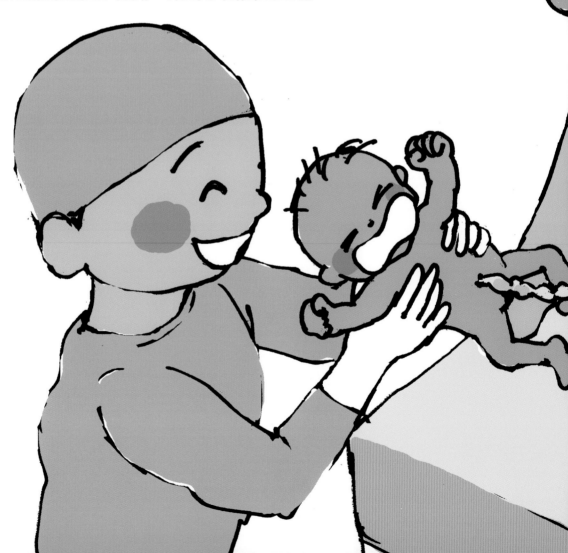

生命存在於哪裡呢？

生命到底是什麼東西呢？
生命到底長什麼樣子呢？
生命到底在哪裡呢？

生命有形狀嗎？看得見嗎？

生命是看不見的喔！

但是，可以感覺得到生命喔！
聽聽看心臟跳動的聲音吧。

珍惜身體的方法

盡量地活動身體

攝取足夠的營養

生命存在於身體。
生命有結束的一天喔！
珍惜生命就是珍惜身體，
要好好了解自己的身體。

要有充分的睡眠

寫下你想珍惜身體與生命的方法

什麼是死亡？

發生了一件令人非常難過的事，
奶奶死了，摸起來冰冰冷冷的。

人死後身體就不會動了。

這時候就會舉辦喪事，
與過世的人告別。

人死後不會復活。

但是，
可以回憶起奶奶的模樣。

永遠都不會忘記喔！

○○在哪裡？

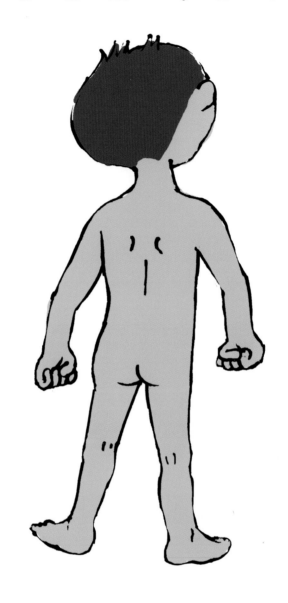

脖子　肩膀　背　腰　屁股

小腿肚　腳跟　腳踝　腳脖子

這些部位在哪裡？

性別與身體

身體

生命

我與他人

這種時候要說什麼才能正確表達自己的感受呢？

高興的時候

如果是你，
你會說什麼呢？

耶！

明天
再一起去吧！

好好玩喔！

不高興的時候

對不起。

明明我很想和
大家一起玩的說……

我看完
就會去做功課了啦！

喜歡人是什麼意思？

會喜歡上一個人，
是因為發現了對方的優點。
你喜歡誰呢？

我喜歡很會跳舞的人。
我希望有一天自己也能跳得那麼好。

我最喜歡鄰居的大哥哥了。
因為他投籃的成功率是百分之百，
超帥的！

你喜歡誰？

我喜歡隔壁班的K同學，
他人很好很溫柔，
好想和他一起玩喔……

我最喜歡
披薩店的爸爸了，
每次都加很多料和醬汁，
超好吃的。

「喜歡」也分成很多種喜歡喔！

你和誰一起生活？

我們家有3個人，
媽媽、我和妹妹。

我和男友一起生活，
家裡只有兩個人。

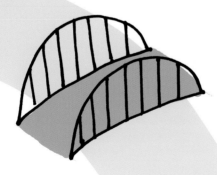

37

當有人說「因為你是女孩」、「因為你是男人」時，該怎麼辦？

是男還是女並不重要，
最重要的是你自己的感受喔！

保護身體

身體的每一個地方都很重要。

無論是被衣服覆蓋住的部分，還是沒有被衣服覆蓋到的部分，
通通都是非常重要的身體喔！
身體的每一個部位都是自己的，如果被他人觸碰覺得「不舒
服」，這也是你很重要的感受。

若覺得不舒服，
可以大聲說「不」。

如果某些人的行為讓你覺得
很不舒服，而且要你保密，
這時還是要和可以信賴的大人說喔！

性侵害 這種時候該怎麼辦？

若有人和你說……

我有很多遊戲和卡片喔，一起去看看吧！

媽媽出車禍了，你快上車，我載你去。

這種時候，一定要這麼做喔！

趕快逃跑　　　大叫

會用這些方法邀約你的，不一定都是陌生人，有時候認識的人也會這麼做喔！

啊！

警察哥哥

告訴大人

有人會因為
你的話語而受傷喔。
這就是霸凌！

性欺凌 這種時候該怎麼辦？

在大家的面前被脫褲子，
覺得超丟臉的卻不敢和別人說，
覺得很不甘心卻不敢和別人說。

是在開玩笑嗎？但感覺真的很討厭。
是在嘲笑我嗎？但感覺真的很討厭。
我真的很討厭這種事！

我無法大聲說「不要」。
但是，我該怎麼辦才好？
我需要和別人說一說，
有人可以聽我說話嗎？

強迫將你的身體或性器露出給大家看，
強迫你去看別人的身體或性器。

其實你現在面臨到的
就是性欺凌。
你沒有任何不對的地方，
你非常棒，你告訴了我，
就是做了很棒的選擇。

○○在哪裡？

眼睛　鼻子　嘴巴　耳朵　臉頰

眉毛　下巴　頭髮　牙齒

這些部位在哪裡？

○○在哪裡？

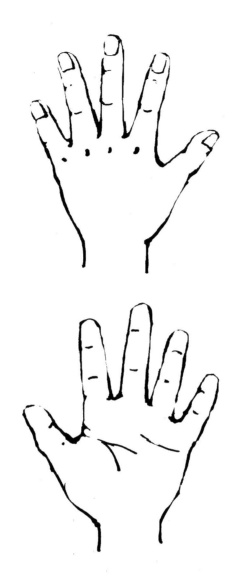

手背　手掌　指甲　大拇指

食指　中指　無名指　小指

這些部位在哪裡？

致閱讀本書的您
面對孩子的十萬個為什麼，
就這麼回答吧！

▶ 小孩子發問時就是最佳的教育時機，歡迎活用本書進行機會教育

○男孩子是站著尿尿，為什麼女孩子是坐著呢？

○為什麼會有小寶寶？

○小寶寶從哪裡出生？

○我不知道為什麼，但是有人讓我好丟臉。是我的錯嗎？

平常小孩子對於自己好奇的事，或者是覺得困惑的事，都會不斷地向大人提出問題。您是否曾被孩子問過上述的問題？

因為這種時刻通常都來得太突然，大人基本上都會來不及反應，不知道該如何回答孩子的問題。或者，有些大人可能會覺得還不到和孩子說明身體與性的時機，所以就笑著敷衍帶過。您是否有過這些經驗呢？但其實孩子會透過大人的反應產生錯誤的判斷。因此上述的反應，會容易導致孩子對身體與性產生否定的想法，例如：「喔，這些原來是不能問的事，可能是很奇怪的事吧？」

其實從幼兒時期，孩子就已經在認識身體與性了，無論大人是否有注意到此現象。孩子隨著成長，會慢慢學著自己處理排泄、入浴、穿脫衣服等。而在這個過程中，也會對自己的身體開始感到有興趣，也會開始注意到自己的身體與大人的身體不一樣，也和異性的身體不一樣。

在家庭與團體生活當中，隨著孩子的成長，同時也要用科學的角度、重視每個人的特性，教導孩子認識身體與性，以培養出孩子在性知識的豐富度。

▶ 適合孩子的繪本篇

繪本篇中，針對21個孩子會有疑問的主題做了回答，並針對每個主題想表達的內容進行說明。

內容由「身體」、「生命」、「我與他人」3個篇章構成。

孩子在成長、發展的過程中最先遇到的就是自己的「身體」。用科學的角度來認識「身體」，是讓孩子能夠正面肯定接納身體與性方面來說，不可或缺的態度。

在「生命」篇章中，討論了生命的形成、誕生，以及死亡。涵蓋了生命的起始與終焉。

在這個篇章中，包含大人要如何和孩子說明生命是任何東西都無法取代的重要存在，生命寄宿在身體當中、以及重視生命即為重視身體等概念。

我認為學習自己與他人的關係，可以豐富自己對「性別與生理」的認知，而我也將這種觀念融入「我與他人」的篇章中。同時，也收錄了一定要在孩子擁有「女孩的模樣」、「男孩的模樣」等性別既定觀念前必須告知孩子的主題。「性欺凌」在孩子們的性暴力行為中已成為極大的問題，而且嚴重的「霸凌」問題，一直以來皆被大眾忽視。或許，本書是日本第一本提及這個主題的兒童書籍。我認為，正因為是給幼兒期和兒童期的孩子閱讀的書籍，所以更有必要去探討。必須要讓孩子認識到性與身體是個人的隱私，同時也是人權。當孩子遭遇到「性欺凌」時，身邊大人的處理方式也非常重要。所以大人和孩子一起學習這件事，就變得相當重要。那麼，就讓我們再一起複習身體與性吧！

▶ 適合大人的解說篇

在適合大人的解說篇中，將針對繪本篇內的主題做補充。希望大人在閱讀完此篇章後再教導孩子。

本書的使用規劃中，也包含作為幼稚園或小學等教育機構的教材。此書出版後，所有權即是讀者的。所以希望閱讀此書的讀者，都能視自己的需求來活用本書。也希望藉由此書，能讓孩子在出現「原來生命存在於身體裡面啊」、「原來男性與女性擁有製造小寶寶的構造呢」、「我知道我是怎麼出生的，太棒了」等感想的同時，也能發現「性別與生理」和「活著」這件事有相當深厚的關係，並認知學習「性」就是學習「活著」這件事。

孩子有學習的權利，這是法律所保障的。性教育是幫助孩子成長發展不可或缺的項目。若本書能提供一點幫助，讓孩子獲得更豐富的性教育，將會是筆者的榮幸。

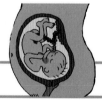

啊！原來如此！我與他人

身體真奇妙

▶ 若能以這樣的方式閱讀本書

　　使用本書時，需要從凝視自己開始。

　　當孩子一邊翻閱自己的相簿，回顧自己的長大過程，一邊回憶過去種種時，很可能會說這些話吧：

　　「我好小呀！」

　　「原來大家都搶著抱我，大家都好疼我……」

　　「這時候還不會騎三輪車，所以在那邊哭了。」

　　「那時候因為雨停了，跑去庭院裡踩水窪，結果老師一邊笑一邊罵我。」

　　「注音越寫越好了，獲得很多稱讚，好高興。」

　　「每天練習翻單槓，終於讓我學會了。」

　　「一開始學游泳時連把臉放入水中閉氣都做不到，現在無論是自由式還是蛙式都難不倒我喔！」

　　「那時候醫生說小孩子骨折不用太擔心，雖然會有點不方便，但很快就會好了，現在真的有體會到，小孩子真的比大人好得快。」

　　回顧自己的過去，孩子可以發現自己其實已經學會很多事物。若是大人在一旁告訴孩子小時候發生的事情，就會讓孩子覺得「哦……我小時候那麼會生病呀，不過我現在很健康耶。而且很喜歡運動，也很會畫漫畫，我真棒。」讓孩子擁有更多的自信。

　　希望藉由上述行為，讓孩子實際感受到這些全部都是由自己的身體完成的。

　　當然，孩子也會對今後身體的變化感到不安。所以，也希望能透過閱讀本書，加深孩子對自己身體的了解，將這些不安轉化成期待。

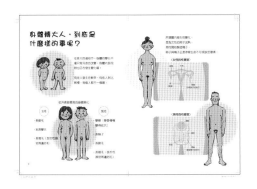

身體轉大人，到底是件什麼樣的事呢？

▶ 外表的變化，每一個人都非常不一樣

任何人都是從小孩子成長為大人的。女孩子會成長為女人，男孩子會成長為男人。隨著年齡的增長，身高會慢慢長高，體重也會漸漸變重。除此之外，身體也會慢慢成長為大人的身體。

女孩子的乳房會開始慢慢膨脹，身體外型也會慢慢增加一些圓潤感。外性器官會開始長陰毛，腋下也會開始長腋毛。

男孩子會開始變聲，身體的肌肉會開始增加。外性器官會開始長陰毛，腋下也會開始長腋毛。除此之外，還會漸漸長出體毛和鬍子。

而每個人的身體產生變化的時期、順序、表現方法都不一樣。所以希望大家能夠在理解此點之後，再去觀察身體的變化。

▶ 身體內部會開始製造卵子和精子

除了外表之外，身體的內部也會成長為大人的身體。

女孩子的身體內，卵巢會開始孕育卵子。男孩子的身體內，精囊會開始製造精子。身體開始有孕育小孩的能力。性器官的生殖機能會開始甦醒。

▶ 注意重點

在自己的身體產生變化之前，事先了解身體將會產生的變化，就能預測到自己的成長，如此便能安心地迎接青春期。對於身體外表的變化，強調個人差異會比強調男女的差別更為重要。另外，必須正確地教導孩子身體內部會開始製造卵子與精子，會有生育孩子的可能性。

除此之外，也必須教導孩子，實際上人類除了有男性、女性這兩個性別之外，也有無法完全分類至此兩類性別的人，還有內心性別和身體性別不一致的人。

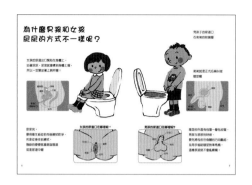

▶ 排尿方式不一樣，是因為男女的排泄器官（性器官）的形狀不同

小孩會在訓練上廁所的過程中，發現男女小便的方法不一樣。孩子會發現，人體因為排泄器官（性器官）的形態不同，所以女孩子需要坐著小便，男孩子則需要站著小便。但最近有些男孩子也會坐著小便。

在訓練孩子上廁所時，也要記得教導男孩子要用手輔助陰莖的方向，以避免尿到便器外側。同時，也要教導女孩子要先用衛生紙擦拭便器後再如廁喔！

▶ 消除對性器官的偏見，首先由認識性器官名稱開始

我們在孩子開始牙牙學語時，很自然地就會用手、腳、頭、嘴巴等正確的名稱讓孩子認識自己身體的各個部位。但是在面對性器官時，則會用「雞雞」、「那裡」這種幼兒語或較隱晦的詞彙來表達，並沒有正確地教導孩子認識性器官。

此時的重點是要讓孩子正確地認識身體的排泄方法與性器官的名稱。同時，隨著孩子長大，也須訓練孩子在進行排泄行為時要將門關上，並獨自完成。這個過程在日後培養孩子對「隱私」的認知上也非常重要。

▶ 獨自觀察、觸摸自己的性器官是正確的行為

男孩子因為排尿等行為，每天都會觸碰到自己的性器官。而且，因為生長位置的關係，男孩子看到自己性器官的機會也非常多。

相對地，女孩子則很難看到自己的外性器官。再加上傳統觀念中，女孩子的性器官被視為不可觸碰的領域，所以基本上女性對自己的外性器官的認知度偏低。

所以，在教導女孩子時，首先必須建立「了解性器官是重視自己身體的第一步」的觀念。

正確的尿道清潔方法

▶ 學會自己清洗尿道是建立孩子「身體感（觀）」的基礎

讓孩子養成清洗自己身體的習慣非常重要。此行為可以幫助孩子建立起「身體感（觀）」，同時也能讓孩子確實體會到「身體是屬於自己的」。

▶ 從2～3歲開始訓練孩子自己清洗性器官

小寶寶從出生開始，會有一段短暫的時間，必須依靠他人（監護人）才能進食、清理排泄物與清潔自己的身體。但是在這個過程中，他們已經了解到胸部和性器官等部位，在一般日常中是用衣物包覆住的，並不會曝露在他人面前。而且，也已經成為一種習慣。雖然每個孩子的成長速度不同，但建議在2～3歲開始訓練孩子清洗自己的性器官。

第一步可以從和孩子說：「要自己洗性器官喔！」或者也可以在和孩子一起洗澡時，用自己的身體示範給孩子看。

不過，若是監護人和孩子非同性的情況，也可以使用本繪本，搭配圖片用口頭說明。

▶ 女孩子的清洗方法與男孩子的清洗方法

女孩子性器官的正確清洗方法：蹲下後用蓮蓬頭或水瓢沖洗性器官，並輕輕地清洗小陰唇（外性器官的褶皺處）之間的部位。

男孩子的正確清洗方法：將包皮往身體的方向推上，清洗裡面的汙垢後再將包皮推回原本的位置。

每個男孩子的情況都不同，有些人可能會因為包皮口過窄或是沾黏導致不容易推動。若碰到此情形時，可以在無痛的範圍內重複推動的動作，基本上在幾個月之後就能消除沾黏，就可以正常清洗。

▶ 初經與閉經

　　女孩子第一次經期稱為初經，大約會在12～13歲時迎來。雖然個人差異性很大，但是基本上女孩子在反覆迎來經期的過程中，會慢慢成長為成熟的身體。

　　女性除了懷孕的期間無月經之外，從初經到閉經的漫長歲月中，都會與月經一起度過。而當女性的卵巢機能下降，不再產生月經時即稱為閉經。女性大約會在45～56歲期間迎來閉經。

　　初經是卵巢逐漸成熟時會發生的生理現象。閉經則是卵巢機能逐漸下降時會發生的生理現象。和迎來初經的孩子說明月經會持續到幾歲可以讓孩子感到安心。

▶ 什麼是白帶？

　　當女孩子迎來初經時，內褲上會出現乳白色的黏稠狀物質，這時候女孩子應該會很在意。所以必須教導女孩子白帶（陰道分泌物）所扮演的角色。

　　其實白帶是為了保護身體而從性器官排泄出來的類乳狀物。是由子宮內膜、子宮頸管與陰道等部位分泌。

　　在陰道與肛門附近其實也有白帶，具有預防細菌與雜菌進入身體、清潔身體的作用（自淨作用）。同時也具有滋潤陰道、預防陰道乾燥的作用。

　　白帶基本上呈現白色或是帶透明感的白色，若沒有馬上清潔乾淨有時候會產生味道。上述情形都會隨著月經週期發生變化。為了了解自己的身體狀況，觀察平日白帶的顏色、量以及味道，也是極為重要之事。

▶ 必須幫孩子建立的觀念

○迎來初經之前

　　在孩子迎來初經之前和孩子說明月經現象，可以消除孩子對月經的不安感，

並培養孩子對性的正面思考。傳統上，很多人容易對月經持有否定的觀念，例如：「月經來太早很麻煩」等等。但其實必須建立孩子「月經是每個女孩子都會遇到、是非常自然的生理現象」的觀念。除此之外，還須避免突然和迎來初經的孩子說出「恭喜，你已經可以生小孩了」之類的話，以免讓孩子感到困惑。

女孩子的身體是在不斷迎來月經的過程中漸漸成熟。所以，也必須讓孩子知道，在固定週期迎來月經，是能夠檢測自己身體是否健康的一個基準。

○月經在意料之外的時刻來臨時，該如何處理？

請事先建立孩子在外出時或是在其他情形下，突然發現月經來臨時的處理方法。只要將生理用品放在小包包，隨身攜帶就不用擔心。若是在學校內，可以和老師或是保健室的護士商量。也可以告訴孩子若剛好身上沒有衛生棉，可以用手帕或是衛生紙代替。

○月經是個人的隱私

也需要教導孩子在處理使用過的衛生棉時，必須用衛生紙或是衛生棉的包裝包裹住衛生棉後再丟進垃圾桶裡。離開廁所時，也要確認四周是否有沾到經血。雖然只要是女孩子就會有月經，但月經是個人的隱私（個人的祕密、自己的事）。

▶ 該如何表達？

成人女性會有月經。多數的女性會在10～16歲之間迎來初經。不過每個人的身體狀況不同，稍早或稍晚都不用擔心。

為了避免經血沾到衣物，所以要使用衛生棉。

衛生棉條則是用來放入陰道中、避免血液流至外面的生理用品。

女性的身體為了孕育小寶寶，會在體內準備一層飽含新鮮血液的膜。但是，當女性身體沒有孕育小寶寶時，身體便會開始代謝更新，而這層飽含血液的膜便會從陰道出口（位於尿道與肛門之間）排出體外。這種生理現象即稱為月經。也被稱為生理期。

月經期間也可以泡澡，不僅可以清理性器官的周圍，也能使身體暖和、促進血液循環、減輕腰部疼痛等。

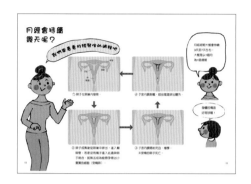

▶ 月經週期

從月經第一天開始算起，到下一次月經開始之前為一個週期，稱為月經週期。月經週期通常為25～38天，但女孩在初期的週期還不穩定，可能會有間距20天或3個月的現象。初經後與閉經前數年，月經週期較不穩定。若只認定「1個月1次」，就會產生「已經過30天了，為什麼月經還沒來？」的不安情緒。這時候請告訴孩子：「這種情形就像是運動前的暖身，重複幾次後就能有正常的規律，所以不用擔心喔！」另外，在筆記本或是日曆上標註月經日期，就能了解自己的月經週期囉！

▶ 月經的期間與血量

經期在3～7天之間皆為正常。雖然8天以上並非異常，但經期過長容易導致貧血症狀。若經期短於2天或長於8天時，可至婦產科檢查。

經期間的出血量約為20～140ml。若出現經血量過多，必須1小時更換一次衛生棉，或是晚上擔心沾到床被而無法熟睡，情緒低落無法外出等影響到自己生活作息的情況時，也可以前往醫院檢查。

▶ 月經前與經期時的腫脹感與疼痛……該怎麼處理才好？

有些人在經期前和經期間會出現下腹部疼痛、腰痛、頭痛、拉肚子、便秘等生理現象，變得容易生氣、煩躁、憂鬱等。月經是子宮為了更新子宮內膜，透過收縮動作將內膜排出體外的現象。下腹疼痛的原因即來自子宮的收縮。若上述症狀已經導致日常生活困難，建議使用止痛劑。若使用止痛劑也無法減輕疼痛，則建議前往醫院檢查。以下幾項是在一般情況下，可以減緩經痛的方法：適當的運動、穿衣時注意腰部周圍的保暖、使用暖暖包、泡澡等。

為什麼陰莖會變硬呢？

▶ 勃起的原理：血液流進陰莖內的海棉體

男孩子基本上在日常生活中，都經歷過陰莖變硬變大的經驗。

陰莖變硬、變大的情形稱為勃起。勃起的原因是因為血液流入位在陰莖中的尿道海綿體與2條陰莖海綿體。勃起與下一篇的射精有關。

▶ 青春期男孩子的煩惱

很多進入青春期的男孩子會因為陰莖的形狀、大小、顏色等感到煩惱。

其實男性廁所的設計應該要有隔間，但基本上男用公廁內的便器多為並排設計。所以容易發生與別人比較陰莖而產生煩惱的情況。

每個人的性器官形狀與大小都完全不一樣，所以不需要因為形狀或大小煩惱。

▶ 包莖

包莖是指將包皮往身體方向推時，龜頭無法露出的狀態。龜頭無法露出的原因，有可能是龜頭與包皮沾黏，或是包皮口過窄。

無論是哪種情形，入浴時都必須在不勉強的範圍內將包皮往身體方向推，清洗乾淨後再將包皮推回原處。只要有耐心（若非特殊情形），基本上只需數個月龜頭就可自然露出。只要按照上述方法進行，就能消除沾黏並擴大包皮口。希望大人也能在孩子進入青春期前先教導這方面的知識。

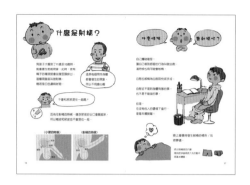

什麼是射精？

▶ 正面接納射精行為

在現代社會中，女孩子從大人身上獲取月經相關資訊的機會，較男孩子獲取射精相關資訊的會多出許多。

為了讓男孩子能夠正面接納自己成為男性第一步的射精行為，必須在孩子的身體產生射精行為前，教導孩子射精的相關知識。

▶ 引起射精的四種方法

射精可以分為自慰、夢精、遺精、性交四種。遺精是指在無意識時發生的射精。夢精則是指在睡眠過程中伴隨的射精行為。

第一次射精稱為初精。和女孩子的初經一樣，都因人而異。基本上男孩子在11～13歲期間，會透過夢經或自慰體驗到初精。

▶ 自慰（手淫、自我取悅）

性慾是非常自然的慾望。透過自慰的性行為來消解性慾是性獨立的第一步。為了達到消解性慾的目的，必須確保私人空間，一邊進行性幻想一邊進行自慰。

有些男孩子會對自慰的自己感到厭惡或是自責。很多人會煩惱過度自慰「是不是會變笨？」「以後會不會無法生小孩？」「早知道就不做了（自責）」等等。

自慰可以說是自己內心與身體的對話。性慾（性衝動）是非常自然的現象。能夠選擇自慰這樣的性行為，在學習控制自己的慾望上也是相當重要的一環。若孩子在遇到此現象前能擁有正確的觀念，就不會產生煩惱。另外，除了男孩子之外，女孩子也會有自慰行為。

▶ 精液與尿液分開

　　睪丸製造的精子會和來自前列腺的分泌液，以及來自精囊的分泌液混合，再由尿道口射出。每次射精的精液量因人而異，但多在2～4ml之間。精液中大約有1%為精子。精液在射精後呈白色黏稠狀。精液的成分中含有許多果糖。果糖能夠推動精子遊走在子宮或輸卵管內。

　　精液會從尿道口排出。因為精液與尿液都是同一個出口，所以有些孩子就會擔心，尿液和精液會不會混在一起。但其實，射精時膀胱下方的肌肉會關閉，所以並不會混在一起。

▶ 精子會累積過多，所以必須射精？

　　健康的睪丸每天都在製造精子，隨時都在準備新鮮的精子，而老舊的精子就會被分解並且被身體吸收。因此，並不會因為沒有射精而積存或對身體造成負面的影響。很多男性其實都有這種誤解。在針對大學生的問卷中，有些非常認真地做出：「若不射精就會得前列腺癌」、「若不射精睪丸就會破裂」之類的回答。這些回答都證明了，早期教導、學習性知識的重要性。

▶ 為什麼泡澡時陰囊會變大？

　　男孩子一定體驗過泡澡時陰囊（裝有睪丸的袋子）變大，感到寒冷或進入泳池時陰囊往上收縮的經驗。上述的情形是因為在睪丸中製造出來的精子怕熱，所以陰囊褶皺擴張以達到散熱效果。相反地，感到寒冷時則是為了防止熱量散失而收縮。這是身體保護精子的構造。

▶ 藉由射精學習性是一種個人隱私

　　大部分的時候，射精會伴隨著快感。快感後的莫名心虛感，是絕對不會和他人訴說的。所以射精是個人的隱私。藉由射精體驗性是一種個人隱私也是非常重要的環節。

　　在面對開始有夢精或自慰等行為的男孩子時，必須確保對方的個人隱私，只須留意即可。同時也必須注意，在進入房間前要先出聲或是敲門，不可以突然進入。另外，若是入浴或如廁時間較長時，也要避免追問原因。

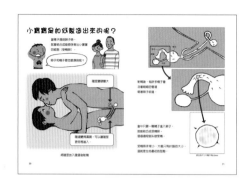

▶ 教導孩子生命形成的過程

「出生之前，我是在媽媽的肚子裡，但我是怎麼進入媽媽的肚子裡呢？」

「別人都說我像爸爸，可是我是媽媽生的啊，那怎麼會像爸爸呢？」

您的孩子是否曾經問過這樣的問題？孩子對自己是如何出生，以及對自己的生命來源都有很大的好奇心。

在此就一起思考看看該如何告訴孩子生命形成的過程吧。

▶ 精子和卵子是怎麼結合的呢？

生命形成的第一步是從精子和卵子結合成為受精卵開始。

孩子會對「男性的精子與女性肚子中的卵子如何結合」的問題感到很不可思議。父母的正面回答，是讓孩子認識自己的生命形成不可或缺的態度。

孩子並不是想要知道性交，而是想知道精子與卵子結合的原理。所以大人必須以科學的角度來教導孩子。父母可能會不知道如何對孩子說明。但是，這是很重要的事情，所以要確實地和孩子討論說明。

在這個章節中，建議避免採取「因為兩人互相喜歡、相愛，所以想要個小寶寶」的說明方式。而是要將重點放在受精卵（孩子的立場），用「如果要讓精子和卵子相遇，就必須把陰莖放入陰道中，把精子送到卵子的附近」這種方式向孩子解說最安全的受精原理。

孩子：小寶寶是怎麼出現在媽媽的肚子裡的？

大人：成人後，男人和女人都會擁有孕育生命的元素喔。男人有精子，女人有卵子，精子和卵子就是孕育生命的元素。男性陰莖下方的陰囊裡面有睪丸，睪丸就是製造精子的地方。卵子則是在女性肚子裡面的卵巢中發育。如果只有精子或是只有卵子，都無法孕育出小寶寶。必須要讓精子和卵子相遇，才有機會成為小寶寶。小寶寶最初的狀態就是受精卵喔。

孩子：要怎麼讓精子和卵子相遇呢？親親？喝精子？

大人：從嘴巴進入的精子是到不了卵子的附近喔。

孩子：那親親無法遇到耶。

大人：男人的精子是從陰莖的前端出來的。精子碰到空氣就會死翹翹喔。女人的卵子是在肚子裡面。那你覺得要怎樣才能讓他們相遇呢？要從哪裡才能讓精子到卵子的附近？入口在哪裡？看一下20頁的圖畫吧！男人陰莖的形狀就有提示囉。

孩子：陰莖？長得好像水管喔。啊，我知道了！把陰莖放到陰道中再讓精子出來嗎？

大人：答對了！要把陰莖放入陰道中再射精。這樣精子就不會碰到空氣死翹翹，也能前往卵子所在的位置喔。男人的陰莖如果只具有尿尿功能，其實並不需要長成軟管狀，就是因為具有將精子送到卵子身邊的功能，所以才長成軟管狀喔。

孩子：原來如此，我知道了。身體的構造真的太神奇了！

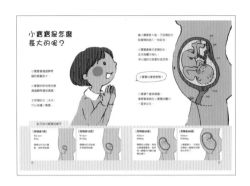

小寶寶是怎麼
長大的呢？

所有生命都是由只有大約0.2mm大小的受精卵開始，所有生命在這個世界上都是獨一無二、無可替代的存在。生命在受精後會在子宮中度過38週左右，再出生到這個世界上。那麼，胎兒在子宮中是如何長大的？

▶ 成長所需的營養與氧氣從哪裡來？

胎兒透過臍帶得到成長所需的營養與氧氣。

胎盤中包含了母親的動脈、靜脈與胎兒的動脈和靜脈，其中還有絨毛組織。絨毛組織可避免母親與胎兒的血液直接接觸，並藉由絨毛組織從母親的血液獲得成長所需的營養與氧氣，同時也透過絨毛組織將廢棄物質排到母親的血液中。這個循環便能維持胎兒的生命。臍帶中的血即為胎兒的血液。由此可證明母親與胎兒在交換血液時，血液與血液並非直接接觸，也不會產生混合的情況。

▶ 教導孩子胎兒（自己）的生存、成長能力

胎兒是浸泡在子宮內的羊水中成長。雖然胎兒是由子宮這個堅韌的肌肉壁保護，但羊水則具有保護胎兒避免受到外部衝擊的功能。

受精後過了20週左右，羊水內就能看到胎兒的皮膚碎屑和掉落的毛髮等雜質。此時，胎兒便會開始飲用羊水，再以排尿的方式過濾羊水。過濾時的雜質就會留在胎兒的腸中，出生後便會以胎便的形式排出體內。吮指與喝羊水等行為，對胎兒而言是一種讓自己在出生後能夠飲用母乳或人工乳的練習。所以胎兒並非只是乖乖地、一動也不動地待在子宮內，而是忙著打造自己的身體、整理生存環境，以及練習出生後必須具備的能力。

▶ 和孩子說明「小寶寶是從陰道出生的」

「我知道是媽媽生我的，但是我怎麼從媽媽的身體中出來的呢？」這是孩子會提出的問題。可以試著以下述的說法回答孩子。

「女人尿尿的地方（尿道口）和便便的地方（肛門）中間有陰道的入口。陰道和子宮連在一起。所以當小寶寶發出要出生的信號時，子宮就會開始收縮，小寶寶也會翻身、推開子宮的入口，經過陰道來到這個世界啦！」

不過，有時醫生也會判斷母親與胎兒的狀況，以剖腹生產的方式幫小寶寶出生到這個世界上。若遇到剖腹生產的孩子，只要說明剖腹生產的原理就能避免孩子產生不安的情緒。

▶ 傳送出生信號的胎兒／誕生是生命的法則

當接近出生時間時，胎兒就會開始分泌催乳素。催乳素成為信號，可以刺激其他相關的賀爾蒙產生，進而促使子宮開始強烈收縮、產生陣痛。嬰兒的出生是由胎兒傳送信號並與母體一起共同作業的合作。所以在和孩子解釋生命的誕生時，必須留意要將主角放在胎兒身上，避免「因為媽媽很辛苦、很努力才能生下你，所以要和媽媽說謝謝」這種說法。也就是說，要將重點放在孩子身上。大人應該告訴孩子的重點在於，孩子在子宮中也很努力活動自己的身體、讓自己長大。要站在孩子的角度讓孩子學習自己是如何出生到這個世界上。

另外，也必須避免讓孩子誤以為是依靠自己的意識出生，所以要避免「因為小寶寶想出生所以才出生的啊」這種解釋方法。胎兒的誕生是生命的自然過程、是生命的法則。是大自然的規律、是母親與小寶寶（胎兒）一起努力的結果。

生命存在於哪裡呢？

▶ 生命存在於身體中

讓我再次強烈意識到生命就存在於身體中，是2011年3月11日所發生的東日本大地震，那天，有許多生命被奪走。昨天還在那邊笑著、聊著的人，突然之間從呼吸到所有身體的活動都無法再運作，就這樣迎來了生命的終點。因此，我們必須記得，生命就存活在我們的身體裡，而生命終有一天會結束。

雖然在此是用心跳來當作解說範例，但其實不僅只是心臟，希望能藉由身體各個器官的運作向孩子說明「生命存在於身體中」。

若孩子能透過自己的身體去思考何謂「生命」，應該就更能體會到每一個人都是一個生命吧！

▶ 要如何「珍惜身體」呢？

「珍惜身體」必須要有適當的運動、飲食與睡眠。對於幼兒期至學童期前期的孩子而言，必須依靠監護人或養育者幫自己規劃適當的運動、飲食與睡眠。藉由這樣的日常生活與體驗，孩子便會養成「珍惜身體」的習慣。

另外，要「珍惜身體」，就必須先「了解身體」。孩子會在不斷提問、查詢的過程中，慢慢地了解身體。這個過程也能讓孩子養成「珍惜身體」的習慣。

要讓孩子學會「珍惜身體」，我認為讀者們的想法也很重要，所以除了運動、飲食、睡眠之外，特別設置了另外的欄位，讓孩子「寫下珍惜自己身體的方法」。希望所有的讀者都能和孩子一起閱讀此書，一起探討生命與身體。

什麼是死亡？

▶ 什麼是死亡？

在和孩子解說死亡時，最重要的就是以科學的角度和孩子說明死亡就是身體機能完全停止、若放置不管便會漸漸腐敗。當人體心臟停止、呼吸停止、身體逐漸變得冰冷，隨著時間消逝身體逐漸僵硬，最終便開始腐敗。這一連串的過程是不變的法則。

雖然是很極少數的例子，但在尚未經歷過死亡的孩子中，有些人真的誤以為人死後會如遊戲一樣死而復生。因此，大人必須非常清楚地告訴孩子，人死後是不會復活的事實。

但是，活著的人可以緬懷死者。我們可以珍惜與死者的回憶。大人可以用插畫和孩子解釋，活著的人可以藉由回憶過往，撫慰我們再也無法和死者見面的悲傷與寂寞。

▶ 面對已經經歷過親近之人死亡的孩子時⋯⋯

死亡無法預測，也並非按照年齡順序發生。有時身邊的家人也會無預兆地突然過世，不得不天人永別。報紙與電視也經常出現事故、殺人、自殺等消息。另外，現在也有許多孩子曾經歷過東日本大地震等天災導致家人突然過世的經驗，至今內心依舊留有傷痛。和孩子說明死亡是件非常困難的事。但是，儘管是小小孩，也會以自己的方法接納死亡、跨越過痛苦與悲傷，一如既往地生活下去。

珍藏著過去的記憶努力地活著的孩子，有時候也是強忍著悲傷。這時必須陪伴在孩子身旁、傾聽孩子的心聲、抱抱哭泣的孩子。雖然這些都是瑣碎的行為、看似無關緊要，但或許非常重要。

這種時候要說什麼才能正確表達自己的感受呢？

▶ 表達高興的感覺

當自己為對方做了某事，對方高興的心情則會滿足自己的心靈，此時就會感到非常高興。若要用言語表達這份高興的感覺則會感到害羞，是件非常困難的事。請參考繪本中的圖畫，和孩子一起討論看看在圖畫中的場合下該如何表達。

在營造社會生活中，用歡呼聲「耶」和「好高興喔」等用語實際表達當下高興的心情，是持續建立人際關係的基礎，希望大家能互相學習。

▶ 該如何表達不高興的情緒？

當他人無法認同自己時、孤單一人時，人會因為內心無法被滿足而產生難過、寂寞、不甘與不高興的情緒。

要將這些情緒適當地表現出來相當不容易。覺得「糟了！」的時候就要道歉說「對不起」。被排擠時只能小聲地表達「我也想一起玩⋯⋯」。其他還有以下這些例子：

・盡情大哭
・適當地向對方表達自己的情緒
・詢問他人意見
・向對方直接表達生氣的情緒等等

表達的方法非常多種，並不一定何時該使用何種方式才有效。但是，建議和孩子一起討論該用什麼方法才能拉近與對方的距離，該用什麼語言表達自己的情緒最為妥當。

喜歡人是什麼意思？

▶ 喜歡有很多種

在此所說的喜歡與發展成戀愛關係的喜歡不同。

・對用心養育自己長大的人的愛
・崇拜
・對能夠輕易做到自己無法做到之事的人的尊敬

所謂的喜歡即是發現了他人的優點。因此，要讓孩子了解喜歡有很多種。只要稍微舉幾個例子，就能發現有非常多種的喜歡。對家人的喜歡，因為過於親近可能很難列出喜歡的原因；但若是換成偶像或是崇拜的運動選手，一定就能列出許多喜歡的原因。

雖然喜歡的感情有時能告訴對方，但無法傳達時，這份喜歡的情感有時也能成為激勵自己的動力。希望也能讓孩子了解喜歡有這麼不可思議的力量。

▶ 注意事項

是否有孩子一臉正經地和您說過「我喜歡○○。我們互相喜歡。長大後要結婚」？雖然喜歡特定的某個人，是很久之後的事情。

但是，我們從小就被灌輸「喜歡＝戀愛」，且往後還會發展成結婚等既定觀念。這些既定觀念的背後，其實存在著結婚對人生而言是最終幸福的價值觀。現在這個社會，青春期後無男女朋友的人容易被貼上怪人的標籤。因此，需要和孩子說明每個人都有自由去選擇何時、喜歡哪個人。而且發展成戀愛關係的對象，並非一定是異性，有時也會是同性。希望讀者們都能理解上述情形都不是特別奇怪的事情，而電視中拿這些當作揶揄、嘲笑的話題，是對同性戀人士的否定，是不可容許的行為。

▶ 從了解世界上有各種家庭開始

從各種方面支援孩子的成長、與孩子一起生活的人即為家人。

孩子無法獨自生存。飲食、洗澡、睡眠、衣著的準備、洗衣、打掃房間、上學、遊玩等所有事物都必須依賴成人的支援。

讓孩子知道世界上有一人獨居的家庭、有無小孩的家庭等各式各樣的家庭是極為重要之事。同時，也希望能透過此頁讓孩子們思考守護自己的生活、和自己一起生活的大人是誰等問題，藉此讓孩子思考與自己家人有關的事情。

無論是孩子還是成人，只要和家人在一起就會覺得「快樂」、「放鬆」、「安心」，但有時候應該也會覺得「好吵啊」。或許也有些孩子在成長過程中會煩惱與家人的關係，或是希望能夠早點成人、獨立生活。

大人為了生活工作、努力賺錢。但是，整體社會經濟狀況下滑、失業、因生病而無法工作等原因都會導致生活困難，因此家庭的構成與關係也會有所改變。

現在的家庭環境較為複雜，也有一些孩子的家庭環境並非能以家中有爸爸、媽媽的概念一概而論。另外，也要讓孩子知道現實生活中，有些孩子即使與家人生活也無法感到安心。

▶ 與孩子討論「我的家人」，建立互相認可的關係

本頁中列出的五種家庭只是一小部分。在幫孩子建立能夠互相認可的關係時，必須考慮到孩子所處的家庭環境，並以適當的方式和孩子說明各種家庭環境。若能幫孩子建立起能夠抬頭挺胸地和他人述說自己家人的環境，每個孩子就能正面、肯定地看待自己現在的生活環境。

當有人說「因為你是女孩」、「因為你是男人」時，該怎麼辦？

▶ 不要被性別侷限

人類在出生的瞬間就已經被打上男女性別的印記。就學前，孩子從姓名、衣服顏色、形狀、玩具、遣詞用語等各方面，就已被灌輸因為「你是女孩，所以必須……」、「你是男人，所以必須……」的觀念。但是，到底是誰、從什麼時候開始決定我們必須因為性別的緣故就「必須」不得不遵從這些規定？而這些全部都是社會建立起來的性別角色，也就是所謂的「社會性別」。

我想，任何人都有經歷過類似繪本中的經驗，也曾產生過不甘心、無法接受的想法。但卻又在不知不覺中，從自己口中說出「明明是個女的……」、「明明是個男的……」等話語。

本來因為性別而規定言行方式就是一件奇怪的事。

每個人都擁有重視自己的感性，高興時高興、難過時哭泣的自由。但是電視與雜誌都充滿了追求女性魅力、男性魅力的資訊。希望能以此頁作為契機，讓孩子開始對平日認為理所當然的事情抱持疑問，並與他人一起討論、思考。

▶ 重視每一個人的個性

「你是女孩子，所以要好好整理乾淨！」、「明明是個男人，不要哭得像個女孩子！」、「因為你是女孩子，所以要幫忙煮飯！」、「因為你是男人，要堅強！」只要停下來從旁觀看，生活到處都充滿太多理所當然、不可置疑的觀念。

希望所有閱讀此書的讀者都能夠反觀自己平日的言行，並開始建構起拋開既有的性別觀念、重視每個人的個性、能夠包容各式各樣生命的社會。大家也可思考看看為何本頁標題特意使用「女孩子」和「男人」。

保護身體

▶ 什麼是保護身體？

保護身體的方法包括：清潔身體、性器，注意身體避免生病、受傷，當身體不適時知道用正確的方法來治療身體，以及避免從事危險行為。

大多數的孩子會對身體感到好奇，也會對身體的變化產生許多疑問。這是非常自然的現象。關心自己身體的變化，是培養保護身體能力的基礎。

▶ 防範性侵的重點

「防範性侵」是必須徹底替孩子建立觀念的主題。此主題的重點是培養孩子在面對感到不適的行為時大聲說「不」的能力。尤其必須教導幼小的小孩，不僅是嘴巴、胸部、性器、肛門等部位，身體的任何部位都不能讓他人隨意觸碰。並訓練孩子在對對方的肢體觸碰感到不適時大聲說「不」。因此，必須培養孩子能夠依照自己的感覺分辨什麼是「適當的肢體觸碰」與「不適的肢體觸碰」。

▶ 如何培養孩子關心自己的身體

自己觸碰自己身體任何一個部位都是自然的行為，且決定自己身體動作的權利掌握在自己手上。這就是所謂的「身體的權利」。

女性、男性、女孩子、男孩子都擁有不同的身體特徵，但在許多地方的身體機能都是相同的。其實基本上男女身體的基本機能幾乎相同。以此為前提，從所有人的身體在外表、體力、成長的快慢來看，每個人都各不相同，每個人都有的身體都不一樣。對自己身體所持有的感情，也與孩子的自我肯定和行動相關。喜歡自己的身體，是能夠自信地生存、行動的基礎。

性侵害 這種時候該怎麼辦？

▶ 為了避免孩子遇到性侵必須告訴孩子的事

　　對孩子有性侵意圖的加害者，會使用各種方法想與孩子單獨相處。因此，對孩子只以嘴巴、胸部、性器、排泄器官等身體部分來說明加害行為是不夠的。

　　因為，實際上的加害行為有許多都從隔著衣服的撫摸、握手、讓孩子坐在膝蓋上開始。若只告訴孩子嘴巴、胸部、性器、排泄器官上的加害行為，可能會讓孩子誤以為碰觸身體其他部位沒關係。

　　加害者會試圖引起孩子的興趣、故意讓孩子感到不安以藉機靠近孩子。另外，也要和孩子說清楚加害者並非只限於某些看起來可疑的人士而已。

　　我們很容易認為加害者都是陌生人，但實際上很多加害者都是認識的人（見過面的人）。

　　另外，有時候加害人並非只針對一人，有時也會搭訕整群孩子，再從中鎖定目標，引誘目標離開人群。

▶ 遇到性侵害時

・若覺得可疑的人靠近自己時，迅速離開此人。
・大聲喊「警察叔叔」等詞彙並趁機逃跑。喊「警察叔叔」比喊「救命」有效果。
・和能夠幫助自己的人說明情形，和認識的大人說明遇到的狀況。
・若是孩子被受到性侵，必須告訴孩子不是自己的錯誤。

　　大人在平日就須建立起什麼事都能和孩子交談，且孩子說了實話也不會被斥責的信賴關係。

你曾經說過這些話嗎？

▶ 什麼是霸凌？

「矮子、死胖子、娘娘腔、白癡、噁心、去死」等，孩子的日常生活中充滿了暴力的語言。

這些語言都是發言者不認同對方才會產生的詞彙。

若自己不被他人認同會有什麼感覺？

若自己的存在不被他人認同會有什麼感覺？

在說了這些話之後，無論再怎麼解釋「我不是那個意思」，聽者受到的傷害都無法消失。

必須讓孩子確實地認識到，若對某個特定的人反覆這些傷害的語言，就稱為「霸凌」。

▶ 培養避免使用傷人語言的能力！

當碰到非常明顯的「霸凌」場景，若只是生氣地斥責孩子並無法解決任何問題。很多時候儘管當事者再怎麼互相商量、互相道歉都無法解決。建立起不排斥弱者、不聽從強者、相互認可的關係是非常重要的課題。

這是成人必須完成的課題。

電視中將傷害他人、蔑視他人的行為當成笑話的題材，被害者也沒有任何反抗地接受，並將其當作笑話。而孩子也非常清楚若只有自己堅持正確的事，就很有可能會被排擠的可怕之處。

因此，希望每一個人都能重複不斷地學習否定他人的人格是件非常卑鄙的行為，是絕對不可以做出的行為。也希望每一個人都能培養自己不使用傷人語言的能力，也期待透過這些說明能讓大家多加活用此頁內容。

▶ 不可忽視的「性欺凌」

「性欺凌」是孩子之間會產生的一種性暴力。小學生之間也會發生「性欺凌」。非常遺憾的是，在日本的國中、高中生之間也經常有「霸凌」事件。而且最糟的情況甚至會導致被霸凌方選擇死亡。也有許多專家指出，在這些情況中，有時被害者是遭遇到非常嚴重的「性欺凌」。

同學之間的性攻擊與性器官的觸碰包含「掀女孩子裙子」、「玩扮醫生遊戲」「灌腸」等。對於這些行為，大人很習慣用「都是小朋友在玩鬧，挺可愛的」、「反正是遊戲而已，沒什麼好生氣的」，甚至是「只是惡作劇而已」、「只是個好笑的意外」等態度解決。

而孩子本身有時候真的只覺得是遊戲，有時候則會故意規避、辯解「只是模仿摔跤遊戲」、「只是開玩笑」而已。但這些行為都是絕對不能忽視的行為。

▶ 如何避免孩子成為被害者與加害者

為了避免孩子成為被害者或是加害者，大人必須儘可能在幼兒期時就教導孩子什麼是「性欺凌」。

儘管本人沒有自覺到是「性欺凌」，儘管本人只是好玩而已，但性與性器官對人而言，是人權，是必須非常重視的事情。性與性器官的攻擊（性欺凌）會帶給對方非常嚴重的心理創傷。因此，大人必須和孩子說明使用「性欺凌」來貶低他人是非常羞恥且卑鄙的行為。若是大人在理解「性欺凌」後並認真地告訴孩子「性欺凌」的可怕性，儘管是再小的孩子也會用自己的方式來理解其中的道理吧！

青春期以前的「性欺凌」與青春期後的「性欺凌」相較起來，較容易被大人看見。這也意味著，孩子的幼兒期，是大人能夠在「性欺凌」問題變嚴重之前，將正確觀念教導給孩童的最佳時機。

▶ 玩弄性器官（孩子的自慰）

自慰是人類非常自然的行為，因此對幼兒來說也一樣。科學讓我們能清楚看到子宮中胎兒的模樣，我們可以知道，無論男女在胎兒時期都經常觸碰自己的性器官。自慰就是如此自然的一件事。

▶ 確認性器官是否健康

幼兒偶爾觸碰自己的性器官其實沒有什麼問題。若到了會說話的年齡，只要和孩子強調「撫摸性器官時要在沒人看到的地方」即可。但是，若經常看到孩子在觸碰自己的性器官時，就需要確認孩子的性器官是否健康（男孩子要確認是否有包皮炎或是龜頭炎，女孩子要確認外性器官是否有潰爛或是有陰道炎）。若有任何健康問題須立刻前往醫院檢查。

▶ 不訓斥，重新審視生活習慣

若性器官並無健康上的問題，就必須重新審視孩子的生活，確認「這個孩子是不是因為太寂寞或太無聊才用自慰來發洩？」其實有很多孩子只要有伴能一起遊玩、唱歌、散步等，自慰的頻率就會大大改善。

另外，孩子在大人沒注意到的地方也會感受到壓力。有時候可能會因為受到性侵，或是因為災害受到的創傷比預想得還嚴重，或是因為朋友之間相處問題而感到心痛等原因，而導致孩子的自慰情形非常頻繁。這一部分也是需要大人留意之處。

也就是說，自慰本身並無問題，問題在於讓孩子經常自慰的背後原因。這些背後原因，有時候需要藉由大人的力量解決，有時則需要讓孩子自己克服。無論是什麼樣的原因，都需要些許時間去解決。但是，大人絕對不能斥責孩子，例如「你好髒」、「會有細菌」，或是「這是不對的事」等等。斥責孩子不僅會導致錯誤判斷、產生反效果，也可能在認知基礎上扭曲了與孩子未來息息相關的「身體感（觀）」與性意識。

○○在哪裡？

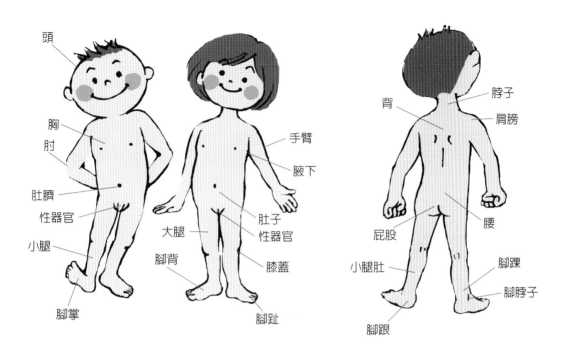

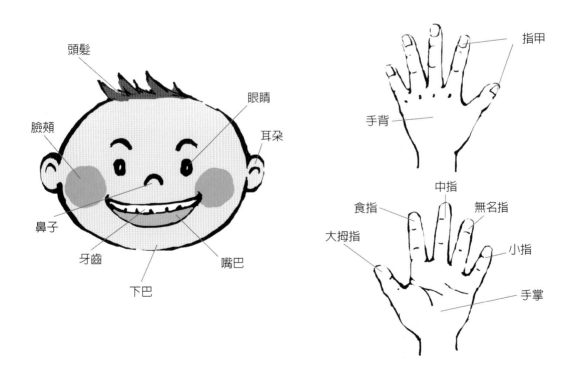

國家圖書館出版品預行編目(CIP)資料

啊!原來如此 ： 性別與身體/淺井春夫, 安達
倭雅子, 北山ひと美, 中野久惠, 星野惠著 ；
勝部真規子繪 ； 劉好殊譯. -- 二版. -- 臺
北市 ： 五南圖書出版股份有限公司, 2023.09
  面 ； 公分
ISBN 978-626-366-258-2(精裝)

1.CST: 科學 2.CST: 人體學 3.CST: 通俗作
品

307.9   112009997

ZE02

啊！原來如此：性別與身體

作　　　者：淺井春夫、安達倭雅子、北山ひと美、 　　　　　　中野久惠、星野惠	地　　　址：106台北市大安區和平東路二段339號4樓
	電　　　話：（02）2705-5066
繪　　　者：勝部真規子	傳　　　真：（02）2706-6100
譯　　　者：劉好殊	網　　　址：https://www.wunan.com.tw
發 行 人：楊榮川	電子郵件：wunan@wunan.com.tw
總 經 理：楊士清	劃撥帳號：01068953
總 編 輯：楊秀麗	戶　　　名：五南圖書出版股份有限公司
副總編輯：王俐文	法律顧問：林勝安律師
責任編輯：金明芬	出版日期：2020年9月初版一刷
封面設計：陳亭瑋	2023年9月二版一刷
出 版 者：五南圖書出版股份有限公司	定　　　價　新臺幣300元整

Original Japanese title:A!SOUNANDA!SEITOSEI

©Haruo Asai,Wakako Adachi, Hitomi Kitayama, Hisae Nakano, Megumi Hoshino, Makiko Katsube 2014

Original Japanese edition published byEidell Institute Co., Ltd

Traditional Chinese translation rights arranged with Eidell Institute Co., Ltd.through The English Agency (Japan) Ltd. and jia-xi
books co., ltd.